一魚文化

節約快烹食堂

食堂

金牌主廚 溫國智

目 録
Contents

PART 1
一菜多變，吃不膩的料理

編輯室溫馨叮嚀

計量單位換算　　　　　1大匙＝3小匙＝15cc
1公斤＝1000公克　　　1小匙＝5cc
1杯＝240cc　　　　　　每道食譜份量為3~4人份

PART 2
自種蔬菜，安心變化創意

PART 3
善用鍋具，一次完成3道菜

千錘百鍊造就善烹的傑出青年

　　一個醫生好不好，不在於他的理論而在於他的臨床經驗，只有閱人無數才能對症下藥；同理，一個廚師好不好，不在於他的廚藝，而在於多少人吃過他煮的菜？他要了解客人喜歡什麼，才能煮出美味的料理。

　　溫國智在唸書的時候，就已經是個比賽型的學生，經常鑽研新的菜式，研究評審的心態，以至於贏得最終勝利；離開學校的他，又投入餐飲的連鎖集團，天天面對川流不息的花錢大爺，他都能夠一一擺平，創造高朋滿座的佳績；進入了教育界，不但教導的學生個個手藝了得，帶領的高徒更是在各大比賽場合屢獲佳績；直到他來到了演藝界，擔任美食節目裡的主廚，扮演百貨公司裡的大廚，頓時吸引了不知多少的粉絲和觀眾，差點兒就要成為我的競爭強敵，拉走了我的收視率！

　　提了這麼多溫國智的經歷，不是在炫耀他有多麼厲害，只是要證明他的經歷有多麼豐富，也只有這麼豐富的經歷，才能讓他擁有足夠的臨床經驗，充分地了解大家都要吃些什麼，等到他再出手時，才能藉由色、香、味來吸引所有人的目光和胃。

　　一般人在逛菜場的時候，往往看到了食材，卻想不起如何烹煮，就算想到了一樣菜式，也想不到其他的變換方法，這時候的溫師傅就彷彿甄嬛身邊的溫太醫一樣，不但為您舉一反三，而且還巨細靡遺的告訴大家烹煮的細節，保證讓您像是在看電視一樣地仔細，像是在百貨公司裡和他面對面教學一樣的實用。

　　擁有這本書，簡直像是擁有了一個「歷盡千錘百鍊造就出來善烹的傑出青年－溫師傅」！

美食節目主持人

焦志方

博學多問料理活字典

　　與溫國智師傅共事已逾三年了，這三年我的廚藝進步之神速，可謂之大。小學的時候，父母在外工作，常常來不及回家做飯，我和姊姊此時就得利用冰箱剩餘食材，變出一桌飯菜給弟弟妹妹吃。但是，在那個年代，電視節目只有三臺，沒什麼美食節目或料理節目可以參考，飯桌上常常出現的菜色是：清炒高麗菜、蕃茄炒蛋、芹菜炒牛蒡。有一天，弟弟問我說：「怎麼沒有湯？」我頭一歪，煮了「沙拉油蒜頭蛋花湯」，原來我把炒菜的概念直接轉化成加水煮成湯即可，那道湯到現在還是全家人的笑柄。

　　出社會後，和朋友共餐，常常對菜單中的「頭銜」面露狐疑之色，因為我常搞不清楚何謂「糖醋、家常、紅燒、川味、金莎、豆醬……」？這些料理作法差別到底是什麼？正因為對料理法的不了解，也常發生點了一桌菜都是同一味的下場。而對這些料理的疑惑，在遇到溫師傅後，果然豁然開朗，不僅了解料理手法，也對食材特性有更深入的認識。愛吃的我，平時也很愛看有關飲食文化的書籍，每當我對其中料理敍述有疑問時，很驚訝溫師傅的博學多聞，居然對很冷僻的料理也能如數家珍，那就更別提臺灣古早味更是溫師傅的拿手絕活！

　　主持「美食好簡單」之後，婆婆常常和我說，她的朋友很羨慕她的好口福，聽得我真汗顏，因為公婆懂吃愛吃，常讓我不敢獻醜。所以，在節目中我常出題考溫師傅，例如：古早味蘿蔔糕湯、蒜苗魷魚螺肉湯等臺菜作法，一番學習後趕緊回家如法泡製，只為孝敬公婆，往往得到美好的回響。

　　很多人都說：「時間才能造就美味。」認識溫師傅之後才知道這句話有值得討論的空間，忙錄的現代人要花多少時間才能享受美味？今天這本書就能為您解答囉！

美食節目主持人

省時省力省錢變化好口味

認識溫國智主廚，是因為**TVBS**的料理節目「吃飯皇帝大」。說真的，第一次和他錄影的時候，看見他稚嫩的臉龐，我誤以為他才剛從學校畢業。雖然當時他是節目中最年輕的評審，但資歷可是嚇嚇叫！溫主廚不僅擁有多年豐富的專業料理經驗，也一直在餐飲管理學校擔任講師，還參與過許多國內外大大小小的美食比賽而且獲獎無數。如此強大的資歷和高超的廚藝，讓溫主廚在節目中很快地獲得「童顏巨廚」的封號，也成為各大料理節目爭相邀請的名廚。

在節目錄影過程中，有一件令我印象非常深刻的事：溫主廚示範炸芋頭絲，正要將一鍋熱油瀝出時，因為工作人員準備的抹布不夠厚，被高溫燒熱的鍋把透過抹布燙傷了他的手，但他仍然面帶微笑，不動聲色的將料理步驟清楚交待完畢，一直到錄影結束後，大家才發現他的手掌已經紅腫起水泡了。他敬業的精神讓現場所有人為之動容。

在分秒必爭的生活裡，如何省時、省錢、省力、省思考，輕鬆變化出健康又好吃的美味？收藏每一本溫國智主廚的作品，就像擁有個人專屬名廚到府教學，他絕對不會讓您失望！

愛下廚的幸福人夫

蔣偉文

節約也能創造美味料理

近幾年，油、電和瓦斯都越來越貴了，讓許多家庭主婦們都十分擔心自己的荷包，生活越來越忙碌，多以外食為主，漸漸地家裡都不開伙了，生活中也減少許多樂趣。所以此書便以「美味、節約、快煮」為主題，來教各位烹調新時代家庭料理；在這同時，不僅能煮出好菜，又能夠省下更多的油電、瓦斯及材料費用。

在書中提到「一菜多變，吃不膩的料理」，冰箱前一晚烹調的剩菜丟了著實浪費，加熱後也得捏著鼻子嚥下，我希望用個人多年專業料理技術，告訴大家如何不浪費冰箱剩菜，做到臺灣人節儉的美德，同時也能兼顧令人驚喜的美味。

除此之外，另一個單元「自種蔬菜，安心變化創意」，將教您如何在自家陽臺種植蔬菜和香草植物。想一想，每當窗外有風，先輕拂過香草，把芬芳帶進屋內；或是下廚時在陽臺上摘下親手種植的蔬菜，是不是讓生活添入更多樂趣！

書中還有一個單元「善用鍋具，一次完成3道菜」，意味著使用一種烹調器材，同時有三道料理進行烹調，用相同的時間便可做出三道菜。這種烹調方式不僅厲害，也非常節省時間，利用相同的時間，可以做出三道菜，又可以省下力氣，也不需每煮完一道菜就洗一次鍋子，既然有那麼多好處，何樂而不為呢？

最後，我非常謝謝出版社給予這個寶貴機會寫這本書，真的十分感謝，讓我能有這個機會跟大家分享有關節約原則下烹調出來的美味料理。希望本書《節約快烹食堂》可以幫助到大家，也祝福您看得開心，學得開心，吃得更開心！

金牌主廚

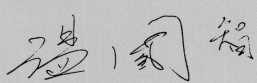

PART 1 一菜多變，吃不膩的料理

只要掌握一次烹調能夠多餐食用的訣竅，就能有效省力又省時，例如：一鍋「彩椒迷迭香雞腿」，若連吃三天肯定臉都綠了。其實，隔天只要取一些加入其他食材烹調，又是一道新料理「左宗棠雞」；後天再變化一下，又成為意想不到的驚喜「人參雞湯」，不僅變化多，還能兼顧衛生、營養、份量等需求。

剩菜加工，變出新創意

調味和烹調法變化新風味

只要用對方法，就能讓冰箱的剩菜剩飯變身大復活，吃不完的剩菜，絕不建議以加湯、加水的方式再次烹煮，這樣會使原本的料理份量更多。同時，如果吃不完，又會造成更多的廚餘負擔，因此，需要再改造的菜餚，必須用更強烈的調味手法來掩蓋過放在冰箱的隔夜菜味。本章節，將依口味與手法來區分變化風味的方法。

一菜多變真方便

剩下的米飯可加點蔬菜、肉絲做炒飯或粥品，或鋪上一些起司絲變化為焗飯。根莖類可做薯餅、地瓜泥；亦可放入咖哩料理中一起燉煮；或和其他肉類、蔬菜燉煮為營養均衡的燉物。肉塊可以用燉煮的方式改變原本口味，再重新調味變成新風味；肉片可切粗絲做炒飯、炒菜的肉香配料。魚類可以去除魚骨，用魚肉重新搭配組合成新創意。各類貝、軟體、頭足類海鮮，也可取出可食用部分，作為炒菜的鮮味來源。剩下的湯品可以當作高湯來使用。葉菜類建議當天現煮現吃，若放置冰箱低溫儲藏，時間不宜過長，否則會逐漸會產生亞硝酸鹽物質。菌菇類剩菜可當作另一道菜的配菜，重新呈現新料理。

主菜：京醬肉絲　　變化1：日式炒烏龍麵　　變化2：肉羹湯

放室溫不宜久留

剛烹調完成的菜餚，可以將要吃的部分先取出，剩下的部分只要稍微降溫後就可放進冰箱保存。因為放置室溫一段時間，又被湯匙筷子翻動過，細菌就會開始滋生，尤其是夏天溫度較高時，食物更容易變質，建議菜餚放涼後，立刻放入冰箱冷藏，越能保持食物的安全性。同時要注意冰箱保冰溫度需足夠，也就是不能把它當作萬能，東西冰得太滿，溫度又不夠冷，反而成了滋生細菌的大溫床。

慎選保存容器

保存剩菜最安全的容器為瓷器，表面不要有過多釉料或非彩色圖案為宜，或是不銹鋼材質、玻璃材質製為佳。肉類、起司等含有較高的油脂，或者偏酸性口味、溫度較高、含酒的食物等，若以塑膠袋或塑膠容器裝盛，很容易就溶出可塑劑；而鋁製鍋碗容易和食物交互產生化學反應，對人體健康造成傷害。喝不完的湯品建議以玻璃器皿或砂鍋等裝盛，放涼後蓋上蓋子，再放入冰箱最裡面，讓整體溫度盡快冷卻到冷藏室的低溫狀態。

主菜 # 乳香燒五花肉

五花肉油脂豐富，拌炒時要注意油脂含量，太多油脂時，可以倒出來，日後拿來炒青菜將非常美味。

若想要使醬汁更入味，可以先將煎至焦香的五花肉取出，利用鍋中油脂爆香辛香料與調味料，最後再將五花肉放回鍋中一起拌炒。

材料

A
五花肉**400**公克
B
蔥**100**公克
蒜頭**50**公克
辣椒**20**公克

調味料

A
乳香和風醬**1**大匙
醬油**2**大匙
酒**1**大匙
細砂糖少許

作法

1　　五花肉切片；蔥切段；蒜頭、辣椒切片，備用。

2　　鍋中放入五花肉煎至出油，接著放入蒜片、辣椒片及蔥段
　　　爆香。

3　　最後放入調味料**A**拌炒均勻即完成。

品質較佳的乳香和風醬為選用釀製半年以上的豆腐乳，搭配比例適當的芝麻醬、香麻油所製而成，可加入料理中增添風味。也能直接抹於麵包、吐司上，加酌量拌麵，或當作酸菜白肉鍋的沾醬。五花肉料理是媽媽們最喜歡的拿手家常料理，加入乳香和風醬將充滿記憶中的好味道。

變化一 泡菜回鍋肉

過度烹炒泡菜，不僅會讓泡菜中對身體有益的乳酸菌流失，也會失去爽脆的口感。因此，泡菜在拌炒時要盡量縮短時間為宜。

材料

A
乳香燒五花肉250公克
（見p15）
韓式泡菜200公克
豆乾3塊

B
蒜苗30公克
蒜頭10公克
蔥10公克
太白粉水1大匙

調味料

A
辣椒醬1小匙
甜麵醬1大匙
酒1大匙
細砂糖1大匙
胡椒粉少許
水150cc

作法

1　蒜苗切斜片；蒜頭切片；豆乾切成片狀；蔥、韓式泡菜切段，備用。

2　鍋中放入1大匙油，爆香蒜片、蔥段，接著加入泡菜、乳香燒五花肉、豆乾一同拌炒。

3　最後加入調味料**A**拌炒均勻即可盛盤。

變化二 滷肉飯

五花肉的豬皮，可說是膠原蛋白的來源，能讓滷肉更具彈性且風味更佳，所以在購買時，記得請肉販別切掉。口齒留香的秘訣在於一碗滷肉飯即能飽足一餐。

材料

A
乳香燒五花肉**150**公克
（見**p15**）
白飯**400**公克
蝦米**20**公克
新鮮香菇**20**公克
B
油蔥酥**50**公克
蒜頭酥**20**公克

調味料

A
月桂葉**2**公克
醬油**5**大匙
酒**2**大匙
細砂糖**1**大匙
水**300**公克

作法

1　蝦米、香菇切碎；乳香燒五花肉切碎，備用。

2　鍋中放入**1**大匙油，爆香油蔥酥、蒜頭酥、蝦米、香菇。

3　接著加入乳香燒五花肉、調味料**A**，以小火繼續熬煮入味即成滷肉。

4　食用時，將滷肉淋於白飯上即完成。

主菜 彩椒迷迭香雞腿

雞腿肉需醃入味再煎烤,或放入烤箱,以180℃烤至熟即可。
迷迭香中間的梗較粗硬,可以去除後將葉子剁碎使用,口感更佳。

材料

A
雞腿肉1隻(約600公克)

B
洋蔥200公克
紅甜椒20公克
黃甜椒20公克

調味料

A
鹽1小匙
酒1大匙
細砂糖少許
迷迭香5公克

B
胡椒粉少許

作法

1 雞腿肉洗淨後放入碗中,加入調味料**A**醃漬至入味,備用。

2 洋蔥、紅甜椒、黃甜椒切絲,備用。

3 鍋中加入**2**大匙油,放入雞腿,以中小火煎至兩面金黃且熟,取出後放置熟食砧板上,切成一口大小後排入盤中。

4 原鍋加入材料**B**拌炒均勻,加入調味料**B**炒勻,放於雞腿旁一起食用即可。

洋蔥又名蔥頭、球蔥、玉蔥,含有大量膳食纖維、鉀、鈣、維生素 A 和 C,是低熱量食物,生食可降低血糖與血脂,多吃亦能預防骨質流失等優點。選購時多留意頭部及表面需光滑乾燥,放在通風陰涼處可保存 10 ~ 30 天。

變化一 左宗棠雞

加入調味料過程中，可先放入蕃茄醬，將釋出脂溶性養分和色澤。

材料

A
彩椒迷迭香雞腿600公克
（見p19）
B
蔥10公克
辣椒30公克
薑末10公克

調味料

A
醬油1小匙
蕃茄醬2大匙
細砂糖1大匙
白醋1大匙
酒1大匙
太白粉水1大匙

作法

1　蔥切末；辣椒切小段，備用。

2　鍋中放入1大匙油，爆香材料**B**，加入調味料**A**拌炒。

3　待醬汁滾後，放入彩椒迷迭香雞腿拌炒均勻即可。

變化二 人參雞湯

利用壓力鍋燉煮可以省時又節約能源，其燜煮時間有些微差異，請參照說明書操作完成。
人參加熱後會釋放苦味，不宜添加太多。

材料

A

彩椒迷迭香雞腿**400**公克

（見**p19**）

B

新鮮人參**50**公克

紅棗**20**公克

薏仁**20**公克

枸杞**10**公克

調味料

A

鹽**1/4**小匙

酒**1**大匙

作法

1　新鮮人參切片備用。

2　取一個壓力鍋，放入彩椒迷迭香雞腿、材料**B**，倒入適量水
　　至淹過食材。

3　加入調味料**A**，蓋上鍋蓋加熱，燜煮約**25**分鐘至薏仁軟即可
　　食用。

主菜 綠花椒燉牛腩

鮮綠花椒在咀嚼時會非常辛辣且有礙口感，所以可在烹調後撈出，取其味即可。
鮮綠花椒容易在烹調時因為油溫過高而產生苦味，不妨在鍋中倒入冷油時即將鮮綠花椒一起放入，待油熱時，花椒也慢慢釋出香味熟透，即可撈出花椒繼續其他步驟。

材料

A
牛腩300公克
白蘿蔔100公克
紅蘿蔔100公克

B
蔥20公克
薑20公克
蒜頭20公克

調味料

A
鮮綠花椒3公克
醬油3大匙
細砂糖1大匙
胡椒粉1/4小匙
酒1大匙
辣豆瓣醬3大匙
蠔油1大匙

作法

1　蔥切段；薑切片；蒜頭切末；白蘿蔔、紅蘿蔔切滾刀塊，備用。

2　取一個壓力鍋，加入少許油，爆香蔥段、薑片、蒜末後，加入牛腩炒香。

3　再加入調味料**A**、白蘿蔔、紅蘿蔔，蓋上鍋蓋煮**10**分鐘即完成。用壓力鍋可以不加水，讓味道更原始鮮甜，食材本身的水分會釋放出來。

4　也可使用湯鍋燉煮，則須加入水，蓋過食材水量，以中小火燉煮約**1**小時至軟爛。

新鮮青花椒又稱鮮綠花椒，為現摘採後隨即冷凍保存。其特色為麻度特別明顯。烹調用途為川菜普遍使用的食材，亦可用來當裝飾。花椒適合與肉類烹煮，能去其腥味，增加風味，促進唾液分泌，增加食慾。若買不到鮮綠花椒，可用一般花椒取代。

變化一 韓式牛腩飯

韓式辣椒醬非常好用，目前各大超市皆方便購買。
韓式辣椒醬可以拿來醃肉、煮豆腐湯、炒年糕等，任何料理只要添加少許，馬上變身成美味的韓風料理。

材料

A
綠花椒燉牛腩200公克
（見p23）
白飯400公克

調味料

A
高湯100cc
太白粉水2大匙
韓式辣椒醬1大匙

作法

1　鍋中放入綠花椒燉牛腩、調味料A煮至濃稠即成。

2　食用時，將作法2韓式牛腩淋在白飯上即可。

變化二 紅燒牛肉麵

麵條要煮得好吃，絕對不能一鍋沸水滾到底，若水溫過高時，煮麵水也容易溢出鍋外發生危險。因此，在煮麵的過程中，可以不時添加冷水來控制水溫，這樣麵心煮透了，外層也不會糊爛。

材料	調味料
A	**A**
綠花椒燉牛腩**200**公克	醬油**3**大匙
（見**p23**）	酒**1**大匙
綠花椒燉牛腩高湯**200cc**	細砂糖**1**大匙
小白菜**100**公克	胡椒粉**1/4**小匙
水**200cc**	辣椒醬**1**大匙
手工麵**200**公克	甜麵醬**1**大匙
B	
蔥**30**公克	

作法

1　小白菜切段；蔥切末；用沸水將手工麵煮熟並撈起，備用。

2　鍋中放入綠花椒燉牛腩、綠花椒牛腩高湯、水、調味料**A**煮至沸騰。

3　最後，將煮熟的麵條放入，並撒上蔥末即可。

豉香炒排骨

豆豉使用前可先泡水，釋出多餘鹽分；若是手工豆豉則不需泡水。

排骨或肉類醃漬的絕竅在於先將水分的調料加入，例如：酒、醬油、水等，讓肉類吸飽水分，接著加入較濃稠的調味料，例如：蛋液、豆瓣醬等。最後，將粉類加入，例如：太白粉、地瓜粉等，讓粉類可以幫助醬料完整包覆在肉類。

材料

A

排骨**400**公克

B

蒜頭**10**公克

豆豉**5**公克

辣椒**20**公克

蔥**30**公克

調味料

A

醬油**1**大匙

豆豉**2**大匙

酒**1**大匙

細砂糖**1**小匙

胡椒粉**1**小匙

水**100cc**

B

醬油**1**小匙

細砂糖**1**小匙

酒**1**大匙

全蛋液**1**大匙

太白粉**1**大匙

水**1**大匙

作法

1   材料**B**均切末；排骨醃入調味料**B**，備用。

2   起鍋，加入油炒香排骨、蒜末、豆豉。

3   接著加入調味料**A**及辣椒末拌炒均勻，盛盤後撒上蔥末即可食用。

市面上的豆豉以原料來區分，有黑豆豆豉及黃豆豆豉；鹹味來區分，有鹹豆豉和淡豆豉兩種；另外，也分為乾豆豉和濕豆豉。使用時，鹹豆豉可以先泡水來稀釋鹽分，而乾豆豉也需要泡水來軟化後再烹煮，比較不易燒焦。豆豉不僅能調味，而且可以入藥，中醫學認為豆豉性平，味甘微苦，有發汗解表、清熱透疹、寬中除煩之效。

變化一 紫蘇梅燒排骨

紫蘇梅本身已有鹹酸甜味，各種廠牌或自家釀製在味道上也有差異，因此，調味前可以先試味道再斟酌添加。

材料

A
豉香炒排骨300公克
（見p27）
紫蘇梅100公克

B
香菜5公克
白芝麻5公克

調味料

A
細砂糖2大匙
水200cc
蕃茄醬1大匙
酒1大匙
檸檬汁1大匙

作法

1　鍋中加入沙拉油，加入紫蘇梅及調味料**A**，煮至湯汁收至濃稠狀態。

2　接著，放入豉椒炒排骨炒勻，盛入盤中，撒上材料**B**即可。

變化二 新加坡肉骨茶

肉骨茶主要的配料是白胡椒與蒜頭，這道湯品四季皆宜，夏天食用可以增加食慾，冬天食用能暖胃健身。

材料

A
豉香炒排骨**300**公克
（見**p27**）
肉骨茶包**1**包
水**1000cc**

B
蒜頭**30**公克
白胡椒粒**10**公克
薑**20**公克

調味料

A
鹽**1**小匙
細砂糖**1**小匙
酒**1**大匙
醬油**1**大匙

作法

1   蒜頭拍碎；白胡椒粒拍碎；薑切片，備用。

2   鍋中加入水、所有材料及調味料**A**，蓋上鍋蓋，燜煮**8**分鐘，開蓋即完成。

主菜 京醬肉絲

如果小黃瓜太貴或季節不對不易買到，也可以用蔥絲替代，風味也很棒。
京醬肉絲也適合拿來夾燒餅，包饅頭或夾土司；所以，吃不完的京醬肉絲隔天不妨加熱後，
拿來當作早餐的夾料。

材料

A

肉絲300公克

小黃瓜150公克

B

蒜末10公克

調味料

A

醬油1小匙

細砂糖1/4小匙

酒1大匙

太白粉1大匙

水1大匙

全蛋液1大匙

B

醬油1大匙

細砂糖1/4小匙

酒1大匙

胡椒粉1/4小匙

水200cc

甜麵醬3大匙

作法

1　小黃瓜切絲，泡水瀝乾後放入盤中；肉絲醃入調味料**A**拌
　　勻，備用。

2　鍋中加入2大匙油，放入醃好的肉絲炒熟，盛出備用。

3　原鍋再加入油，爆香蒜末，加入調味料**B**及肉絲拌炒均勻
　　後盛盤，放上小黃瓜絲即可。

小黃瓜裡包含了水分、丙醇二酸、膳食纖維、鉀、鈣、鐵、維生素 A、
維生素 C 等營養成分。小黃瓜中的丙醇二酸可抑制糖類轉化為脂肪，
而膳食纖維能幫助消化，因此是控制體重非常好的蔬菜。小黃瓜好處
非常多且容易購買，爽脆的口感，非常適合生食、沙拉、涼拌。

變化一 日式炒烏龍麵

烏龍麵也可用市售冷藏包裝鍋燒麵或油麵代替，拌炒時不可太久，會讓麵條太軟而影響口感。

材料

A
京醬肉絲200公克
（見p31）
烏龍麵300公克
魚板20公克
高麗菜50公克

B
蔥20公克
柴魚絲10公克

調味料

A
醬油2大匙
醬油膏1大匙
細砂糖少許
酒1大匙
胡椒粉少許

作法

1　蔥、高麗菜、魚板分別切絲備用。

2　取適量水煮沸，放入烏龍麵汆燙，撈起備用。

3　鍋中放入1大匙油，爆香蔥絲，放入京醬肉絲、油麵、高麗菜、魚板、調味料**A**拌炒均勻，盛盤，撒上柴魚絲即可。

變化二 肉羹湯

待羹湯滾沸後可撒上香菜增添香氣。
嗜酸者食用時，可以添加一些紅酒醋或烏醋，能讓滋味更鮮甜豐富。

材料

A
京醬肉絲**100公克**
（見**p31**）
竹筍**50公克**
紅蘿蔔**50公克**
全蛋**50公克**
新鮮香菇**50公克**

調味料

A
醬油**2大匙**
酒**1大匙**
胡椒粉**1小匙**
高湯**600cc**

B
太白粉**30公克**

作法

1   竹筍、紅蘿蔔、香菇切絲；全蛋打散，備用。

2   將鍋中高湯煮沸，放入京醬肉絲、竹筍、紅蘿蔔、香菇煮熟，加入調味料**A**拌勻。

3   將太白粉與少許水調勻，加入作法**2**勾縴，淋入蛋液，煮至滾沸即可。

主菜 # 歐式煎豬肝

豬肝只要一熟就可盛盤,過度加熱會使豬肝口感老化。
豬肝在使用前,可以走水一會兒,也就是泡在活水中,讓水流沖去豬肝內的血塊,這樣可以
減少豬肝的腥味。

材料

A
豬肝400公克
洋蔥50公克

調味料

A
鹽1/4小匙
酒1大匙
細砂糖1/4小匙
胡椒粉1/4小匙
水50cc

B
胡椒粉1/4小匙
太白粉1大匙

C
義大利綜合香料1小匙

作法

1　洋蔥切絲;豬肝切厚片,醃入調味料**B**,備用。

2　鍋中加入沙拉油2大匙,將洋蔥以小火爆香,加入豬肝煎
　　至5分熟即可。

3　接著加入調味料**A**拌炒至豬肝熟即可起鍋,排入盤中,撒
　　上義大利綜合香料即可。

豬肝中含有豐富的鐵質與維生素,可以改善貧血、夜盲與水腫的症
狀,但因為豬肝屬於內臟類,含有高量的膽固醇與普林,所以患有高
血壓、心血管疾病與痛風的人不宜食用過量。另外,豬肝雖然生嫩口
感較好,但若食用不熟的豬肝容易有寄生蟲或其他問題,所以,豬肝
一定要煮熟才可品嚐。

變化一 紅鳳菜炒豬肝

豬肝、紅鳳菜含豐富鐵質,是非常補血的一道料理。
黑麻油爆炒薑絲時,要用小火慢慢煸炒至薑絲邊緣微乾,才能讓薑的味道淋漓盡致散發出來。

材料

A
歐式煎豬肝**200**公克
(見**p35**)
紅鳳菜**200**公克
黑麻油**30**公克

B
薑**30**公克

調味料

A
醬油**1**大匙
酒**3**大匙
醬油膏**1**大匙
水**50cc**

作法

1　紅鳳菜洗淨;薑切絲,備用。

2　鍋中加入黑麻油,放入薑絲爆香,再放入紅鳳菜拌炒均勻。

3　接著放入歐式煎豬肝、調味料**A**拌炒均勻即可。

歐式蕈香豬肝粥

牛肝菌多為進口產品，不易購買的話，可選用本地產的香菇、木耳等深色蕈菇。

材料

A

歐式煎豬肝100公克

（見p35）

米200公克

牛肝菌50公克

調味料

A

水600cc

鹽1小匙

胡椒粉少許

酒1大匙

作法

1　　牛肝菌洗淨泡水，備用。

2　　鍋中放入米、牛肝菌及調味料A煮至粥狀，加入歐式煎豬肝即可關火。也可使用壓力鍋烹煮，約4分鐘即可完成。

蒜泥鮮蝦

要料理出美味的蒜泥蝦，最重要的關鍵在於使用新鮮草蝦，其身體是結實且無腥臭味，蝦殼帶有光澤感，掌握這些要點，就能買到品質優良的好蝦。
若不喜歡吃完蒜泥蝦後嘴巴殘留的味道，不妨自製檸檬飲品，吃完後飲用，就能去除惱人的味道。

材料

A

草蝦**300公克**

水**300cc**

冬粉**1把**

話梅**3公克**

B

蒜頭**30公克**

蔥**10公克**

調味料

A

醬油**1大匙**

酒**1大匙**

醬油膏**2大匙**

味霖**2大匙**

細砂糖**1小匙**

作法

1   將草蝦去腸泥；冬粉泡軟；蒜頭、蔥切末，備用。

2   取一個容器，放入調味料**A**、蒜末、話梅拌勻為蒜泥汁。

3   鍋中先鋪上冬粉，倒入水，放入草蝦，淋上蒜泥汁，蓋上
     鍋蓋，開中火燜煮至蝦熟。

4   取出排盤，撒上蔥花即可。

草蝦含豐富蛋白質和鈣等營養素，較無脂肪且容易飽足，非常適合控制體重時食用。但蝦子的普林含量較高也不易消化，因此腸胃較弱或有痛風者不宜多食。另外，如果把蝦子與含有鞣酸的水果，如葡萄、石榴、山楂、柿子等同食，不僅會降低蛋白質的營養價值，而且鞣酸和鈣離子結合形成不溶性結合物刺激腸胃，引起人體不適。因此，海鮮與這些水果同吃至少應間隔 2 小時為宜。

變化一 # 南洋酸辣蝦

泰式辣椒醬有許多品牌，目前較為大眾接受的是所謂的甜雞醬，味道偏甜且不太辣，但也有些是如同我們常使用的辣椒醬，味道較鹹、辣，因此購買回來時，一定要先嚐過，確認後再斟酌調味。

材料

A
蒜泥鮮蝦300公克（見p39）
小豆苗100公克

B
薑10公克
蒜頭10公克

調味料

A
泰式辣椒醬2大匙
檸檬汁1大匙

作法

1　豆苗挑去老葉洗淨；蒜頭、薑切末，備用。

2　取一個容器，放入調味料**A**、薑末、蒜末，攪拌均勻即成醬汁備用。

3　盤中依序排入小豆苗、蒜泥鮮蝦，淋上醬汁即可。

變化二 雪菜鮮蝦煲

雪菜使用前要先用清水沖洗過，洗除多餘鹽分。

材料

A
蒜泥鮮蝦**200**公克（見**p39**）
雪裡紅**150**公克
沙拉筍**50**公克
新鮮香菇**50**公克
B
蒜頭**10**公克
辣椒**10**公克

調味料

A
蠔油**2**大匙
醬油**1**小匙
酒**1**大匙
細砂糖**1/4**小匙
胡椒粉少許
太白粉水**1**大匙
水**200cc**

作法

1　雪裡紅切成細末，用水洗淨，並將水分擠乾；蒜泥鮮蝦去殼，備用。

2　沙拉筍、香菇切絲；辣椒、蒜頭切末，備用。

3　雪裡紅、筍絲、香菇絲汆燙後撈起瀝乾，備用。

4　鍋中加入**1**大匙油，爆香辣椒末、蒜末、香菇絲，放入雪裡紅、蒜泥鮮蝦、竹筍與調味料**A**煮至食材熟即可盛盤。

主菜 小魚乾炒白菜

大白菜的纖維較粗，因此，不妨多花些時間烹煮，讓纖維軟化，同時讓白菜吸收小魚乾的鮮味並釋放出特有的甜味，這樣家中的老人小孩都能輕鬆享用這道美食。

小魚乾若直接下鍋爆香很容易發生焦苦的狀況，因此，爆香前，可以先泡一下水，一方面清潔，另方面也較不易燒焦。

材料

A
大白菜**400**公克
小魚乾**10**公克
B
蒜頭**20**公克

調味料

A
豆豉**1**小匙
胡椒粉**1**小匙
醬油**1**大匙
醬油膏**1**大匙
細砂糖少許

作法

1　大白菜切塊；蒜頭切片，備用。

2　鍋中放入**1**大匙葡萄籽油，先爆香蒜片與小魚乾。

3　接著放入大白菜、調味料**A**拌炒均勻且大白菜軟即可盛盤。

大白菜含有豐富的維生素 A、C、鈣、鎂等，多吃白菜對身體有很多好處，大白菜有許多加工品，例如：酸白菜、泡菜、醃白菜等；大白菜也適合各種調理方式，例如：滷白菜、酸菜白肉鍋、炒白菜、涼拌白菜。冬天，是大白菜盛產的季節，價格便宜又經濟實惠，是買菜時非常好的時間點。

變化一 甘栗白菜滷

帶殼的栗子並不好處理，目前各大超市都有販售剝好殼的栗子真空包，既方便又美味。

材料

A

小魚乾炒白菜300公克
（見p43）
甘栗100公克
乾香菇20公克
紅蘿蔔片100公克

調味料

A

醬油3大匙
細砂糖1小匙
胡椒粉1/4小匙
水200cc

作法

1　大白菜切塊狀；乾香菇泡軟切片，備用。

2　鍋中加入少許油，爆香乾香菇、甘栗。

3　接著加入大白菜、紅蘿蔔片及調味料A炒勻，燜煮入味即可裝盛。

變化二 # 日式白菜火鍋

火鍋海鮮料可依照個人喜好添加。
市面上有許多品牌的干貝柴魚粉或昆布柴魚粉等，若懶得自製日式高湯，在白菜鍋煮好後添加一些，滋味也不輸自製高湯。

材料

A

小魚乾炒白菜300公克

（見p43）

鮮蝦100公克

蛤蜊100公克

魚板50公克

蒟蒻50公克

火鍋肉片100公克

調味料

A

日式高湯1000cc

酒2大匙

作法

1　蒟蒻切片；蝦開背去腸泥，備用。

2　鍋中排入所有材料，淋入調味料**A**煮至熟透即可。

PART 2 自種蔬菜，安心變化創意

市售蔬菜為了快速長大或保持漂亮外觀，經常噴灑許多農藥造成飲食堪慮。本單元將教你利用自家小陽臺種植10種採收期長的常用蔬菜、香草植物，花點巧思搭配其他食材一起烹調，可以吃得更健康安心，朝向省錢過美好生活。

自種蔬菜，吃得更健康

小白菜

非常適合在臺灣種植，收成期更是快速，一個月就能成熟。大多是採用市售種子種植，播種只需撒至土壤上，再蓋上少許土壤，足夠日照和水分就能快速成長。但要小心害蟲入侵，小白菜是草食蛀蟲最愛吃的。可以在土讓上鋪上少許咖啡渣，做到驅蟲和施肥效果。

空心菜

空心菜可使用市售種子撒於土壤，播種後再蓋上少許土壤，足夠的日照和水分，大約一個月就能收成，但要留意蛀蟲的入侵。

豆芽菜

　　種植豆芽菜非常簡單，不需要土壤，只需要紙巾或厚的衛生紙和水就能於一星期收成。可以用綠豆或是黃豆種植，容器內鋪入紙巾，倒入水淹至豆子的一半高度，放置室內，不用太多日照，短時間內就能收成。

九層塔

　　使用市售種子種植，發芽率非常高，播種時種子與種子間需要保持適當距離，因為發芽速度快，長大後容易因生長環境擁擠而導致枯萎或不健康。還沒定型的芽苗容易因分株而死亡，所以要使用較大的盆栽和適當的距離來種植。九層塔需要潮濕水分和足夠的日曬，並注意害蟲侵入。

地瓜葉

　　地瓜葉種植起來非常經濟實惠，只需到市場購買地瓜葉，將挑除的老梗放入杯中泡水，直到生根發芽，就能移至土讓栽種，平時只需注意蚜蟲入侵。地瓜葉並不會長出地瓜，兩者是不同的植物。

肉醬地瓜葉包

使用地瓜葉包裹絞肉時，請務必將絞肉完全包覆住，避免油炸時炸油滲入內餡中，導致食用時，產生油膩感。

地瓜葉

材料

A

地瓜葉**200**公克

絞肉**200**公克

麵粉**50**公克

B

蒜頭**10**公克

蔥**10**公克

油蔥酥**20**公克

調味料

A

醬油**1**大匙

醬油膏**1**大匙

酒**1**大匙

胡椒粉**1**小匙

作法

1　蒜頭、蔥切末，備用。

2　鍋中放入1大匙油爆香材料**B**、
　　100公克絞肉，放入調味料**A**
　　拌炒均勻即為配料。

3　將地瓜葉汆燙後，撈起；麵粉
　　加入水，攪拌均勻即成麵糊，
　　備用。

4　地瓜葉包入**100**公克絞肉，裹
　　上麵糊，放入**170**℃油鍋中，
　　炸至金黃後撈起瀝乾油分，盛
　　盤，附上配料即可。

皮蛋地瓜葉

皮蛋的蛋黃因為是膏狀，比較不好切，因此可以帶殼用蒸或水煮的方式，將皮蛋煮熟後再切，會切得更工整且好切。

材料

A

皮蛋**100**公克

地瓜葉**400**公克

B

蒜頭**10**公克

調味料

A

鹽**1**小匙

酒**1**大匙

細砂糖少許

作法

1   皮蛋切成角塊；蒜頭切片，備用。

2   起一鍋約**180**℃油鍋，放入皮蛋炸至金黃，撈起備用。

3   鍋中放入**1**大匙葡萄籽油，爆香蒜末，加入皮蛋、地瓜葉和調味料**A**，拌炒均勻即可。

酸筍空心菜

酸筍為醃漬品，調味時請注意鹹味的量，若太鹹，可以多沖水後再使用，來消除鹹味。

材料

A

空心菜400公克

酸筍100公克

B

薑10公克

調味料

A

鹽1小匙

酒1大匙

細砂糖少許

作法

1　空心菜切段；薑切絲；酸筍洗淨，備用。

2　鍋中放入1大匙油，爆香薑絲，再放入空心菜、酸筍、調味料A拌炒均勻即可。

宮保空心菜

怕吃辣者，可以先剝除乾辣椒籽再使用，可以保留香味，且不需擔心太辣。

材料

A

空心菜400公克

乾辣椒10公克

B

蒜頭10公克

調味料

A

蕃茄醬1大匙

醬油1大匙

酒1大匙

細砂糖1小匙

白醋1大匙

香油少許

作法

1　空心菜切段；蒜頭切片，備用。

2　鍋中放入1大匙油，爆香蒜片、乾辣椒，再放入空心菜、調味料A拌炒均勻即可。

麻油虱目魚白菜

這道菜除了虱目魚肚好吃之外，小白菜更是吸收了所有精華，相對魚肚，完全不遜色。

材料

A

虱目魚肚200公克

小白菜400公克

麻油2大匙

枸杞10公克

B

薑20公克

調味料

A

醬油膏1大匙

酒1大匙

細砂糖少許

作法

1　薑切片，鍋中放入麻油，爆香薑片後撈起備用。

2　盤中依序排入小白菜、虱目魚肚、薑、枸杞與調味料A。

3　放入蒸籠或電鍋蒸至魚肚熟透即可。

蛋酥蕃茄白菜湯

蛋液在倒入油鍋時，需用筷子快速且不停攪拌，這樣才能炸出酥脆的蛋酥而不是蛋片。

材料

A

蕃茄200公克

小白菜200公克

全蛋液100公克

調味料

A

鹽2小匙

酒2大匙

細砂糖少許

水600cc

作法

1　蕃茄切小塊；小白菜切小段，備用。

2　鍋中放入蕃茄、小白菜、調味料A煮至沸騰。

3　將全蛋液倒入180℃油鍋中，快速攪拌至炸呈金黃即為蛋酥，放入沸騰的湯中，熄火。

椒鹽彩椒豆芽菜

不經漂白的豆芽菜顏色較不潔白是正常的,而因為豆芽菜接觸空氣容易氧化;因此,摘採下來後要盡快使用完畢。

豆芽菜

材料

A

豆芽菜**400**公克

紅甜椒**50**公克

青椒**50**公克

黃甜椒**50**公克

枸杞**2**公克

B

薑**10**公克

蔥**10**公克

蒜頭**10**公克

辣椒**10**公克

調味料

A

胡椒鹽**1**小匙

細砂糖少許

作法

1　材料**B**全部切末;紅甜椒、黃甜椒、青椒切片,備用。

2　鍋中加入1大匙油,爆香已切末的材料**B**。

3　接著放入調味料**A**、豆芽菜拌炒均勻,撒上枸杞即可盛盤。

豆芽牛肉卷

這是一道大人小孩都喜歡的料理，若不吃牛肉者，也可使用豬肉片替代，風味也很棒。

材料

A
牛肉片200公克
豆芽菜200公克

B
蔥100公克
蔥末適量

調味料

A
醬油2大匙
酒1大匙
細砂糖1小匙
水100cc

作法

1　蔥切段，將每片牛肉片捲入適量豆芽菜、蔥備用。

2　鍋中放入調味料**A**、牛肉卷，以中火燒煮至入味即可盛盤，
　　再撒上蔥末。

塔香杏鮑菇

杏鮑菇可以換成茄子，變化不同口感。
麻油爆香香料時，溫度不能太高；若溫度太高，則麻油會出現苦味。

九層塔

....

材料

A

杏鮑菇**400**公克

九層塔**100**公克

黑麻油**2**大匙

B

蒜頭**10**公克

辣椒**10**公克

薑**10**公克

蔥**10**公克

調味料

A

醬油**2**大匙

辣椒醬**1**大匙

細砂糖**1**大匙

作法

1 杏鮑菇切角；蒜頭、辣椒、薑
  分別切片；蔥切段，備用。

2 起**180**℃油鍋，放入杏鮑菇炸
  至金黃，撈起瀝乾油分備用。

3 鍋中倒入黑麻油，爆香材料
  B，放入杏鮑菇、調味料**A**拌
  炒均勻，起鍋前加入九層塔快
  速炒勻即可。

青醬花枝松子麵

剛煮好的義大利麵需拌入少許橄欖油，可以防沾黏。
利用新鮮九層塔製作青醬比市售品更天然，但打碎後接觸空氣容易氧化，必須盡快使用完。

材料

A
義大利麵**200**公克
花枝**100**公克
洋蔥**50**公克
起司粉**5**公克

B
洋蔥**50**公克
九層塔**30**公克
蒜頭**10**公克
堅果**30**公克

調味料

A
鹽**1**又**1/4**小匙

作法

1　花枝表面切花後切片；洋蔥切末；九層塔去梗；蒜頭去蒂頭；堅果入鍋，乾炒至金黃後盛起，備用。

2　取**4**大匙橄欖油倒入果汁機，放入材料**B**、**1/4**小匙鹽，攪打成泥後取出即為青醬。

3　取湯鍋，加入水煮至沸騰，加入剩餘的鹽，放入義大利麵，依包裝說明時間煮至熟，撈起後放入調理盆，加入少許橄欖油拌勻。

4　鍋中加入**1**大匙油，爆香洋蔥末，加入花枝炒至熟，放入義大利麵、青醬，拌炒均勻後盛入盤中，撒上起司粉即可。

自種香草，吃得更安心

薄荷

在臺灣薄荷最常見有兩種，一種為葉片呈橢圓且葉脈有明顯痕跡，呈現鋸齒狀；一種為長葉片，與九層塔很像。薄荷是匍匐性，新芽的莖非常軟嫩，沒有辦法直接站立，所以栽培新株可以用鐵絲固定，直到莖部木質化再拔除鐵絲。並且要定期剪枝，才會有更多分支，提高產量。薄荷喜歡喝水，所以必須隨時保持土壤潮濕及足夠的日曬。

迷迭香

栽種迷迭香不需要太多水分，保持土讓濕潤就可以了，太多水分會導致根部吸取太多水分而腐爛死亡。迷迭香非常喜歡曬太陽，因為迷迭香來自地中海，溫暖潮濕的天氣，非常適合在臺灣生存，只要用肥沃的土壤來種植，不需要太多肥料。因為使用種子栽培不容易，所以可以使用分支插株或是購買園藝店幼苗繼續種植。

蒔 蘿

又稱小茴香，高大帶羽葉和黃色種子外觀，為秋冬盛產香草之一，播種只需撒至土壤上即可發芽成長。有些害蟲非常喜歡蒔蘿的香氣，要小心害蟲的入侵。例如：蚜蟲，一旦被蛀蝕，將很難清除。

百里香

檸檬百里香味道溫和且帶有些為檸檬香氣，百里香則味道強烈，非常耐寒，可以種植在室內窗臺邊，適當日曬、適當澆水即可。百里香在歐洲古時候是一種被廣泛大量使用的香草，同時兼具藥草的功能。在羅馬古代不僅為釀酒、烹調的香草，還適合作為食品防腐劑，內外藥用，沐浴、薰香，且嚼食百里香具有寧神效果。

奧勒岡

又稱皮薩草，非常適合在臺灣氣候種植，只需充足的日照，固定的澆水保持土壤濕潤即可，可至園藝店或大型量販店購買種子或小株苗回來繼續種植。在義大利料理經常出現，尤其適合與蕃茄、起司、豆類和茄子搭配烹調。

迷迭香魚柳

迷迭香要剔除硬梗並切細碎才能拌入麵糊中，這樣風味更好，口感更佳。

迷迭香

材料

A
鯛魚肉**400**公克
麵粉**100**公克
B
新鮮迷迭香**10**公克

調味料

A
鹽**1**小匙
酒**1**大匙
水**50cc**
胡椒粉少許

作法

1　鯛魚肉切條；新鮮迷迭香切末，備用。

2　取一個容器，放入迷迭香、麵粉及調味料**A**攪拌均勻，即成麵糊。

3　鯛魚肉均勻裹上麵糊，放入**170**℃油鍋中炸至金黃，即可盛盤。

西班牙蔬菜燉雞

西洋芹表面有一層較粗的纖維，使用前可先用削皮器輕輕削除，這樣烹煮出來的西洋芹口感更細緻。

調味料

A

雞腿肉**300**公克

西洋芹**100**公克

蘑菇**100**公克

紅蘿蔔**100**公克

洋蔥**100**公克

B

蒜頭**20**公克

新鮮迷迭香**5**公克

調味料

A

鹽**1/4**小匙

白酒**1**大匙

細砂糖**1/4**小匙

胡椒粉**1/4**小匙

水**400cc**

作法

1　雞腿肉切塊；西洋芹、蘑菇、紅蘿蔔與洋蔥切丁；蒜頭、迷迭香切末，備用。

2　雞腿肉塊和迷迭香末拌勻，放入鍋中，以中小火煎至雞肉呈金黃色備用。

3　鍋中加入**1**大匙油，爆香蒜末、洋蔥丁，再加入西洋芹丁、蘑菇丁、紅蘿蔔丁及調味料**A**炒勻。

4　最後放入雞腿肉，蓋上鍋蓋，燜煮**4**分鐘即可盛盤。

薄荷牛小排

薄荷不適合久煮，將造成味道流失；牛小排煎過後與薄荷搭配，可解除油膩感。煮成薄荷茶也不宜煮太久，且需蓋上鍋蓋，味道才不會流失。

薄 荷

材料

A
牛小排**400**公克

B
新鮮薄荷**10**公克
蒜頭**10**公克

調味料

A
黑胡椒粒**1**小匙
鹽**1/4**小匙
酒**1**大匙

作法

1　薄荷、蒜頭切末，備用。

2　牛小排先以蒜末、調味料**A**拌勻，醃漬入味。

3　鍋中放入**1**大匙油，放入牛小排煎熟，盛盤，撒上薄荷末即可食用。

海鮮佐薄荷醬

廚房新鮮人若擔心無法分辨海鮮油炸時間，可先以沸水煮熟再油炸，就萬無一失。

材料

A
花枝**100**公克
蝦仁**100**公克
干貝**100**公克
鯛魚肉**100**公克

B
新鮮薄荷**10**公克
麵粉**100**公克
水**120cc**

調味料

A
芥末籽醬**2**大匙
蛋黃醬**1**大匙
胡椒粉少許
檸檬汁**1**大匙

作法

1　花枝、干貝、鯛魚肉切一口大小；薄荷切末，備用。

2　取一個容器，放入麵粉、水攪拌均勻即成麵糊。

3　將調味料**A**、薄荷攪拌均勻即成醬汁，備用。

4　材料**A**海鮮分別裹上一層麵糊，放入**170**℃油鍋中，炸至金黃後撈起，盛盤。

5　可以直接將醬汁淋在海鮮上，或食用時沾食搭配。

百里香炒時蔬

紅蘿蔔、馬鈴薯不容易拌炒熟，因此可以先用沸水預先煮熟再行烹調。

百里香

材料

A

紅蘿蔔100公克
馬鈴薯100公克
西洋芹100公克
蘑菇100公克
洋蔥100公克

B

新鮮百里香5公克
無鹽奶油20公克

調味料

A

鹽1/4小匙
細砂糖1小匙
酒1大匙

作法

1　百里香、洋蔥分別切末；紅蘿
　　蔔、馬鈴薯、西洋芹切塊；蘑
　　菇切片，備用。

2　鍋中放入無鹽奶油，爆香洋
　　蔥、蘑菇。

3　再放入紅蘿蔔、馬鈴薯、西洋
　　芹、百里香與調味料**A**拌炒均
　　勻即可盛盤。

檸檬百里香雞腿

煎雞腿時，可先將雞皮朝下貼附於鍋面，逼出油脂就能減少油分的使用。

材料

A

雞腿肉300公克

B

新鮮百里香10公克

調味料

A

鹽1/4小匙

酒1大匙

胡椒粉少許

作法

1　百里香切末備用。

2　將雞腿肉、百里香末與調味料**A**一起醃漬入味。

3　鍋中加入1大匙油，放入雞腿肉，以中小火煎至表面金黃且肉熟即可盛盤。

奧勒岡炒蕃茄

蕃茄和奧勒岡是好朋友，因此很多西式的蕃茄料理都會加入奧勒岡來提味，也可將蕃茄去皮與奧勒岡一起熬煮成醬，就是超美味的自製蕃茄醬。

奧勒岡

材料

A
蕃茄300公克
洋蔥100公克
花椰菜100公克
B
新鮮奧勒岡10公克

調味料

A
鹽1小匙
黑胡椒粒少許
酒1大匙

作法

1　蕃茄、洋蔥切塊；花椰菜切小朵，備用。

2　將花椰菜放入沸水，汆燙至熟後撈起備用。

3　鍋中放入1大匙油，爆香洋蔥，放入蕃茄、花椰菜、奧勒岡與調味料**A**拌炒均勻即可。

香草蕃茄肉醬麵

這是一道經典的義大利麵料理，如果買不到蕃茄糊，也可將蕃茄去皮，並挖除內部果肉後切碎來取代。

材料

A
義大利麵300公克
培根50公克
絞肉150公克

B
洋蔥50公克
新鮮奧勒岡10公克

調味料

A
蕃茄糊3大匙
高湯150cc
酒1大匙
黑胡椒粒1小匙
醬油1小匙

作法

1　培根、洋蔥、奧勒岡切末備用。

2　取湯鍋，加入水煮至沸騰，加入少許鹽，放入義大利麵，依包裝說明時間煮至熟，撈起後放入調理盆，加入少許橄欖油拌勻。

3　鍋中加入1大匙油，爆香培根末、洋蔥末，加入絞肉和調味料A至煮至呈濃稠肉醬汁。

4　放入義大利麵拌炒均勻，撒上奧勒岡後盛入盤中即可。

蒔蘿洋蔥牛肉

蒔蘿不僅當調味香料，亦可當青菜來食用，與洋蔥有異曲同工之妙。

蒔 蘿

材料

A
牛肉片**400**公克
洋蔥**100**公克
B
新鮮蒔蘿**50**公克

調味料

A
紅酒醋**1**大匙
鹽**1/4**小匙
酒**1**大匙
細砂糖少許

作法

1　洋蔥切片；蒔蘿切段，備用。

2　鍋中放入**1**大匙油，爆香洋
　　蔥，再放入牛肉片與調味料**A**
　　拌炒均勻，加入蒔蘿拌炒均勻
　　即可。

鮭魚蒔蘿酒醋沙拉

醬汁的比例可以依照個人的喜好來調製，若酒醋使用量少，也可以檸檬汁替代。

材料

A

鮭魚200公克

蘿蔓生菜100公克

蘋果100公克

玉米筍100公克

蕃茄100公克

B

新鮮蒔蘿10公克

調味料

A

橄欖油3大匙

酒醋3大匙

細砂糖1小匙

鹽少許

作法

1 鮭魚切塊；蘿蔓生菜、蘋果、玉米筍、蕃茄切角塊；蒔蘿切末，備用。

2 將玉米筍、蕃茄放入沸水汆燙，撈起備用。

3 鍋中加入1大匙油，放入鮭魚煎至魚肉熟，盛起。

4 取一個容器，放入蒔蘿與調味料**A**攪拌均勻即成醬汁。

5 盤中依序排入所有材料，並淋上醬汁即完成。

PART 3 善用鍋具，一次完成3道菜

針對忙碌沒時間烹調者，設計數套利用烤箱、電鍋、平底鍋完成的食譜，以快速、簡單、無油煙的方式烹調，透過堆疊、隔間適當，**10～30**分鐘即可輕鬆端出一套正餐。省時、省力、省思考的創新烹調方式，讓全家大小快速品嚐到新鮮美味。

廚藝新時代，省時好鍋具

善用鍋具烹調好幫手

隨著時代的進步和需要，許多廚房設備紛紛上市且功能推陳出新，尤以烤箱、電鍋、平底鍋最適合忙碌而沒時間料理的人使用，在廚房世界裡是三大好幫手。不僅可以一次完成多道料理，而且只要清洗一次烹調器具即可，只要用對的方法，每個人都能一次端出三道香味四溢的美味佳餚。

電鍋堆疊技巧

利用水蒸氣循環原理加熱使食材熟，烹煮時間也需視材料多寡，或難易熟而決定外鍋水量。需要長時間燉煮的食材，請放於電鍋最下層，因為下層最接近電鍋的發熱源，且因為放於最下方，故不需擔心影響其他較快熟料理的拿取。較快熟的食物放於最上層，例如：葉菜類或蒸至一段時間需調味、加辛香料的食物，或者需觀察的蒸蛋，方便隨時取出。堆疊時，可利用蒸盤或高腳鐵架做中間分隔。

適合電鍋的蒸煮容器

水蒸氣原理將食物煮熟，所以需要耐高溫的容器，以可達110℃以上為宜。除了電鍋本來配置的蒸盤、內鍋外，建議可挑選竹製、瓷器、玻璃或不鏽鋼材質使用。避免蒸煮時湯汁溢出而污染外鍋，建議可蓋上一張耐高溫鋁箔紙封住容器口，同時也能鎖住食物的原味和水分。

電鍋做菜 的優點

電鍋操作簡單，只要外鍋水量拿捏好，按下燉煮開關，就可以放心離開做其他事。當外鍋水分蒸發完畢時，食材的熟度即完成。而且使用電鍋不需擔心食物會乾掉，蒸煮中途也可小心打開鍋蓋觀察是否熟了，或適時添加外鍋水量，以增加蒸煮時間，但以加入熱水為宜，可先將熟成菜餚取出，再加入熱水；若是加入冷水，溫度會降低而影響蒸煮時間，也會影響菜餚口感。

烤箱料理 美味的秘訣

食物放入烤箱前需先預熱至所需要溫度，預熱時間約**10**分鐘即可達所需溫度。烘烤中途不要隨意打開烤箱門，常開會讓熱氣跑出而影響食物熟的時間，建議可透鍋玻璃門來觀看烘烤的情況。烤箱所需電源量極高，避免同一面板插座孔還插其他家電，以免產生跳電。烘烤中途可以將食物翻面或將烤盤掉頭，讓食材本身受熱均勻，這些都是使用烤箱料理的美味秘訣。

適合烘烤 的容器

可以先取鋁箔紙鋪於烤盤，再放上食物，當烘烤完成後可直接連鋁箔紙取出，可有效維持烤盤的乾淨度。若遇湯湯水水的食物，可以裝入瓷器或鋁箔紙盒，但若遇檸檬汁、白醋等酸性醬汁就不適合以鋁箔紙裝盛，以避免烘烤過程中將金屬物質溶出，而影響身體健康。

挑選優質 平底鍋

一把好的平底鍋其優點為導熱平均、快速，只要無油或少油烹調即可加熱烹調，也不容易燒焦食材；而密合度較高的鍋蓋在加熱過程中，不會導致水分、養分的流失，卻可以保留食物中的自然甜分，達到少油、無油煙料理的效果，也能縮短烹煮時間和節省能源。為了達到一鍋三菜的快速目的，建議購買直徑至少**32**公分的平底鍋，充分利用空間，採區域分隔法，但避免湯汁較多菜餚，可將各道料理的食材分別堆疊好，再慢慢翻炒即可。

電鍋套餐一次OK

3 in 1

紅糟瓜仔肉
和風嫩鱈魚
養生山藥松子飯

1

取1杯水倒入電鍋中，放入養生山藥松子飯。

2

鋪上蒸盤當中間層，放上和風嫩鱈魚、紅糟瓜子肉。

3

蓋上鍋蓋，按下開關蒸煮約10分鐘至開關跳起。

4

打開鍋蓋，將紅辣椒絲、薑絲、蔥絲、香菜段鋪於和風嫩鱈魚，蓋上鍋蓋，燜約30秒鐘即可。

養生山藥松子飯

這道飯非常簡易且營養，白米可以依個人喜好變化。

材料

A

山藥**100**公克
白米**200**公克
熟松子**10**公克
水**200**公克
枸杞**10**公克

調味料

A

醬油**1**大匙
鹽少許
胡椒粉**1/4**小匙
酒**1**大匙

作法

1　山藥切丁；白米洗淨，備用。

2　取一個耐蒸容器，放入材料
　　A，加入攪拌均勻的調味料**A**
　　備用。

紅糟瓜仔肉

花瓜罐頭本身是醃漬品，要注意鹹度的調味。

材料

A
絞肉300公克
金針菇50公克
花瓜罐頭20公克

B
蒜末20公克
蔥末10公克

調味料

A
紅糟3大匙
酒1大匙
醬油1大匙
細砂糖1/4小匙
水100cc

作法

1　金針菇去蒂頭，洗淨後切末，備用。

2　取一個容器，加入絞肉、金針菇、蒜末及調味料A拌勻，再倒入耐熱容器，鋪上花瓜備用。

和風嫩鱈魚

若購買冷凍鱈魚片，需注意表皮上是否有少許鱗片，若有，必須刮除。

材料

A

鱈魚1片

金針菇50公克

B

紅辣椒絲10公克

薑絲10公克

蔥絲10公克

香菜段10公克

調味料

A

醬油1大匙

味霖1大匙

酒1大匙

水50cc

作法

1　鱈魚洗淨；金針菇去蒂頭後洗淨，備用。

2　取一個耐蒸容器，倒入調勻的調味料**A**，依序鋪上金針菇、鱈魚備用。

電鍋套餐一次OK

3 in 1
↓

泰式檸檬魚
─────
臘味煲仔飯
蓮子排骨湯

1 取1杯水倒入電鍋中，放入臘味煲仔飯、蓮子排骨湯。

2 鋪上蒸盤當中間層，放上泰式檸檬魚，鋪上1/2份量材料B，蓋上鍋蓋，按下開關蒸煮約10分鐘至開關跳起。

3 打開鍋蓋，鋪上剩餘材料B即可。

臘味煲仔飯

臘腸和肝腸在蒸煮過程中會釋出鹽分，故需注意調味量。

材料

A

白米**300**公克

臘腸**100**公克

肝腸**100**公克

芥藍菜**100**公克

水**300**公克

調味料

A

醬油**2**大匙

細砂糖**1/4**小匙

水**50cc**

B

鹽**1**小匙

沙拉油**1**大匙

作法

1　白米洗淨；臘腸、肝腸煮過後切片；將調味料**A**調勻即為醬汁備用。

2　取一個耐蒸容器，放入所有材料**A**，加入調味料**B**備用。

蓮子排骨湯

使用乾燥蓮子需要更長的烹調時間才能夠熟成。

材料

A
排骨300公克
蓮子150公克
百合100公克

調味料

A
鹽少許
細砂糖1/4小匙
酒1大匙
水300cc

作法

1　取一個耐熱容器，放入排骨、蓮子、百合、調味料A攪拌均勻備用。

泰式檸檬魚

鱸魚鱗片較小，烹調前必須檢查並去除。

材料

A

鱸魚1隻

B

蒜頭30公克

香菜30公克

辣椒10公克

蒜苗20公克

調味料

A

檸檬汁5大匙

細砂糖1大匙

酒1大匙

魚露2大匙

金桔汁1大匙

水100cc

作法

1　鱸魚去骨留頭尾，魚肉切片；
　　材料**B**切末，備用。

2　取一個耐熱平盤，排上魚頭、
　　魚尾及魚肉，均勻淋上拌勻的
　　調味料**A**備用。

烤箱套餐一次OK

3 in 1
↓

培根烤馬鈴薯

起司焗烤茄子

香蔥腰內肉卷

1

烤箱以180℃預熱10分鐘，將裝起司焗烤
茄子、香蔥腰內肉卷的烤盤，放入烤箱
最底層。

2

放入另一個烤盤當中間層，再放入培根
烤馬鈴薯。

3

關上烤箱門，烘烤20～30分鐘，至起司
焗烤茄子的起司絲融化，且香蔥腰內肉
卷、培根烤馬鈴薯皆熟即可取出烤盤。

起司焗烤茄子

茄子果肉接觸空氣後會迅速氧化，所以切割後要盡快烹調。

材料

A

圓茄子**300**公克

絞肉**100**公克

洋蔥**50**公克

蒜頭**30**公克

起司絲**100**公克

調味料

A

蘋果汁**1**小匙

義大利綜合香料**1**小匙

迷迭香**1**小匙

鹽少許

黑胡椒粒**1**小匙

水**150cc**

作法

1　將圓茄子削除約**1/3**高度，挖起果肉；洋蔥、蒜頭切碎；烤盤鋪一張鋁箔紙，備用。

2　鍋中加入**1**大匙油，放入茄子果肉、洋蔥碎、蒜碎、絞肉、調味料**A**，均勻撒上起司絲，排入烤盤左側備用。

香蔥腰內肉卷

腰內肉非常嫩，只需熟成即可，不需烘烤太久，以免破壞口感。

材料

A
腰內肉200公克
蔥200公克
B
辣椒10公克
蒜末10公克
紅蔥頭末20公克

調味料

A
醬油1大匙
酒1大匙
細砂糖1/4小匙
胡椒粉少許
水50cc

作法

1　蔥切段；辣椒切片；腰內肉切薄片，備用。

2　每片腰內肉，鋪上適量蔥段，捲起，排入烤盤左側。

3　均勻撒上材料**B**辛香料備用。

培根烤馬鈴薯

馬鈴薯先煮過,可縮短烘烤時間;烘烤完後,表面可撒上巴西里末。

材料

A
馬鈴薯**400**公克
培根**100**公克
蘑菇**100**公克

B
蒜末**10**公克
洋蔥末**100**公克

調味料

A
紅酒醋**2**大匙
鹽少許
黑胡椒粒**1/4**小匙
義大利綜合香料**1**小匙
匈牙利紅椒粉**1**小匙

作法

1 馬鈴薯切成條狀,放入滾水煮熟後撈起;培根、蘑菇切成片狀,備用。

2 取一個耐熱烤皿,鋪上馬鈴薯、培根、蘑菇、材料**B**,均勻加入調味料**A**備用。

烤箱套餐一次OK

3 in 1

↓

南瓜派
蘑菇烤雞
歐風蕃茄蔬菜湯

1

烤箱以180℃預熱10分鐘,將裝蘑菇烤
雞、歐風蕃茄蔬菜湯的烤盤,放入烤箱
最底層。

2

放入另一個烤盤當中間層,再將南瓜派
放入烤箱上層。

3

關上烤箱門,烘烤15分鐘至南瓜派熟,
取出,再轉200℃繼續烘烤20分鐘,至蘑
菇烤雞、歐風蕃茄蔬菜湯皆熟,即可取出
烤盤。

蘑菇烤雞

蘑菇可鋪在下方，烘烤時能吸收美味的雞汁，將更加美味。

材料

A

無骨雞腿**400**公克

蘑菇**200**公克

洋蔥丁**100**公克

月桂葉**2**公克

調味料

A

鹽**1/4**小匙

白酒**100cc**

細砂糖**1**小匙

迷迭香**1**大匙

黑胡椒粒**5**公克

義大利綜合香料**5**公克

作法

1　雞腿以調味料**A**醃漬入味；蘑菇切花刀，備用。

2　將雞腿攤平放入一個耐熱盤子，鋪上其他材料**A**，排入烤盤右側備用。

歐風蕃茄蔬菜湯

這是一道低熱量且高纖維湯品，除了可當正餐外，亦能同時保護腸胃消化功能。

烤箱
套餐

材料

A

蕃茄**200**公克
蘑菇**50**公克
高麗菜**100**公克
西洋芹**100**公克

B

蒜末**10**公克
洋蔥**100**公克
水**600cc**

調味料

A

白酒**1**大匙
義大利綜合香料**1**小匙
鹽少許
細砂糖少許

作法

1　洋蔥、所有材料**A**全部切小塊
　　備用。

2　取一個耐烤大碗，將材料**A**、
　　材料**B**放入碗中，加入調勻的
　　調味料**A**拌勻備用。

南瓜派

派皮鋪入烤模後，可用叉子平均戳出數個小洞，能避免派皮烘烤時膨脹。

材料

A
無鹽奶油200公克
全蛋2粒

B
糖粉130公克
低筋麵粉320公克
高筋麵粉80公克
吉士粉80公克

C
全蛋4粒
蛋黃2粒
鮮奶250公克
南瓜泥250公克

調味料

A
細砂糖100公克
肉桂粉少許

作法

1　將材料B混合過篩備用。

2　將材料A、材料B混合拌勻成糰，稍微壓扁後放入塑膠袋，再放入冰箱冷藏約30分鐘鬆弛。

3　取出麵糰，用桿麵棍均勻桿平成厚度約0.5公分麵皮，鋪入派盤，用刮板削除多餘麵皮，邊緣捏好緊貼派盤四周，先放入烤箱，以180℃烘烤30分鐘至熟，取出。

4　將材料C、調味料A拌勻，倒入烤好的派皮內備用。

平底鍋套餐一次OK

3 in 1
↓

南洋風四季豆
彩椒辣雞丁
烏魚子炒飯

1

將南洋風四季豆鋪於直徑至少32公分
的平底鍋右上角,彩椒辣雞丁鋪於左上
角,烏魚子炒飯鋪於下方,分別淋上各
道料理的調味料A。

2

開中火,輪流翻炒各道料理
至熟即可盛盤。

南洋風四季豆

開陽使用前可先泡水，泡除多餘鹽分。

材料

A
四季豆200公克
B
開陽20公克
辣椒10公克
蒜末10公克

調味料

A
辣油1大匙
魚露1大匙

作法

1　四季豆折成**4**公分長段。
2　將所有材料和調味料**A**準備好。

彩椒辣雞丁

黑木耳使用前可以先去除蒂頭，口感更佳。

平底鍋
套餐

材料

A

黑木耳**70**公克

雞腿肉**300**公克

豌豆**30**公克

紅甜椒丁**20**公克

黃甜椒丁**20**公克

B

蒜末**10**公克

調味料

A

醬油**1**大匙

酒**1**大匙

細砂糖**1/4**小匙

全蛋液**1**大匙

太白粉水**1**大匙

B

醬油**2**大匙

辣椒醬**1**小匙

酒**1**大匙

細砂糖**1/4**小匙

檸檬汁**1**小匙

水**100cc**

作法

1　黑木耳泡發；雞腿肉切丁狀；
　　豌豆去筋膜後切對半，備用。

2　所有材料和調味料**A**準備好。

烏魚子炒飯

烏魚子使用前先泡水，除外膜後再料理為佳。

材料

A
白飯300公克
烏魚子100公克
紅甜椒100公克
四季豆50公克
B
蒜末10公克

調味料

A
鹽1/4小匙
胡椒粉少許

作法

1　取**60**公克烏魚子切片，**40**公克切小丁；紅甜椒、四季豆分別切小狀，備用。

2　將所有材料和調味料**A**準備好。

平底鍋套餐一次OK

3 in 1

↓

和風牛小排
豆醬水蓮菜
XO醬蘿蔔糕

1

將和風牛小排鋪於直徑至少**32**公分的
平底鍋左上角，豆醬水蓮菜鋪於右上
角，XO醬蘿蔔糕鋪於下方，分別淋上
各道料理的調味料**A**。

2

開中火，將牛小排煎至喜歡的熟度，
蘿蔔糕煎至金黃且熟，水蓮菜翻炒均
勻，待各道料理皆熟即可盛盤。

和風牛小排

煎製牛小排可依個人喜好選擇熟成程度。

材料

A
牛小排**300**公克
B
紅甜椒**30**公克
黃甜椒**30**公克
洋蔥**100**公克
蔥花**10**公克

調味料

A
味噌**3**大匙
酒**1**大匙
味霖**2**大匙
細砂糖**1/2**小匙
日式七味粉**5**公克
水**200cc**

作法

1　牛小排先以調味料**A**醃漬入味；紅甜椒、黃甜椒分別切小丁；洋蔥切絲泡水，備用。

2　所有材料和調味料**A**準備好。

豆醬水蓮菜

水蓮菜是低熱量的蔬菜，適合快炒可保持爽脆口感。

材料	調味料	作法
A	**A**	1　水蓮菜切段；香菇切絲，備用。
水蓮菜**300**公克	鹽**1**大匙	2　將所有材料和調味料**A**準備好。
薑絲**20**公克	黃豆醬**2**大匙	
新鮮香菇**50**公克	細砂糖**1**小匙	
辣椒絲**10**公克	水**100cc**	

XO醬蘿蔔糕

蘿蔔糕容易斷裂，拌炒時要控制好力道。

材料

A

蘿蔔糕**400**公克

B

韭黃**100**公克

洋蔥**100**公克

蔥段**50**公克

紅甜椒**20**公克

黃甜椒**20**公克

調味料

A

醬油**1**大匙

XO醬**3**大匙

細砂糖**1/4**小匙

酒**1**大匙

胡椒粉**1/4**小匙

水**50cc**

作法

1　蘿蔔糕切成條狀；韭黃切段；
　　洋蔥切絲；紅甜椒、黃甜椒分
　　別切丁，備用。

2　所有材料和調味料**A**準備好。

二魚文化 魔法廚房

陪您邂逅美味，飽足健康身心靈！

超省錢蔬菜料理　20種耐放蔬菜烹調，完全不浪費！

作者：黃筱蓁
定價：330元

剛買回來的蔬菜還沒用就已經腐爛了，不僅佔用冰箱空間而且傷了荷包，本書為了幫忙碌工作或單身，無法天天下廚者解決蔬菜買了用不完的煩惱。故挑選20種適合久放的蔬菜來變化料理、簡易點心。耐放蔬菜包含：馬鈴薯、地瓜、南瓜、芋頭、山藥、白蘿蔔、紅蘿蔔、冬瓜、高麗菜、白菜、洋蔥、蕃茄、甜椒、青椒、西洋芹、茄子、玉米、杏鮑菇、小黃瓜、四季豆。

好男人愛下廚　親密共餐95道料理

作者：李耀堂
定價：350元

下廚不再是女人的專利，「男人遠庖廚」已經是落伍的觀念了。本書不僅鼓勵男人展現廚房料理手藝，更希望妳能送這本書給親愛的他，一起下廚加溫情感！如果只有你一個人，就可以從「一個人從廚房玩出好創意」開始著手；如果剛好是兩人世界，「和心愛的她享用甜蜜餐點」將是你們的首選；如果已經是一家人，則「凝聚全家情感的一桌菜」正好可以凝聚全家人的胃，為家人煮出一桌美味的飯菜。

健康北歐菜

作者：謝一新、謝一德
定價：340元

北歐五國是力行健康飲食文化之最佳代表，包含：瑞典、芬蘭、挪威、丹麥、冰島，例如：挪威的鮭魚、瑞典肉丸、丹麥的開放式三明治、冰島的羊肉、芬蘭的黑麥及漿果，各種代表北歐的食物不盡其數。透過此料理書不僅可以輕鬆學會北歐經典菜，還可以了解其地理位置、氣候、歷史和人文特色、飲食習慣等。

宵夜快樂　低卡‧快速‧方便‧美味

作者：黃筱蓁
定價：320元

本書包含「300大卡不發胖料理」：慎選低熱量食材，透過蒸、煮、煎、烤方式，不僅能吃飽外，亦能維持好體態的低卡美味。「10分鐘營養均衡一鍋煮」：臨時想吃宵夜又懶得清洗鍋碗瓢盆，只要透過燉煮鍋、平底鍋、蒸鍋，添加適量蔬攝取營養，以一鍋到底快煮即可享受營養的麵、粥、鍋物。「半成品加工方便料理」：超市、便利商店販售的冷凍微波食品，夜市的鹹水雞、滷味等，花點巧思變身成意想不到的美味料理；同時省去烹調前繁瑣的準備工作。

訂購方式

郵撥帳號：**19625599**

戶　名：二魚文化事業有限公司

4本以下9折，5～9本85折，10本以上8折

（購書金額若未滿**500**元，需加收郵資**50**元）

KUHN RIKON
SWITZERLAND ✚

瑞 康 屋

KUHN RIKON 有強力的研發與嚴選團隊，因此有足夠的能力可以開創鍋具國際市場的另一番獨特風潮，它從不抄襲，它是一個不斷改寫鍋具史的好產品，誰說好產品就一定昂貴；瑞康公司直接由瑞士原廠進口以實在的價格問世於台灣末端市場，也準備好為消費大眾做最嚴格的把關。

1819年KUHN RIKON創立至今已有近200年的歷史，在瑞士是一個深具口碑的大品牌，有90%的瑞士家庭擁有國寶級的KUHN RIKON鍋具。

節能減碳的專家
瑞士DUROTHERM雙享鍋

商品特色：

鍋身、鍋蓋雙層設計，節能減碳的代表鍋，下班後常外食，只求果腹，卻賠了健康。

現在有更好的選擇「DUROTHERM雙享鍋」6分鐘煮飯，30分鐘可以煮六道菜，而且全程不洗鍋、不放油。省油、省能源、省時間；換來更鍋家人的健康及歡樂的相聚時光。

懶人養生食補
瑞士 DUROMATIC 壓力鍋

商品特色：

192年瑞士專利製造，獨創快速萃取煉雞精，壓力鍋的最高表現，唯一可煉純雞精的壓力鍋，只要50分鐘，一般鍋要5~6小時。唯一獲得歐盟CE跟德國GS兩個國家的認證，全世界零件最少、最安靜、最快速、清洗最方便、鍋身無捲邊，不會藏汙納垢，口徑最大，可一鍋三道菜烹調，更可快速的將白木耳的膠原蛋白萃取出來，有了這只DUROMATIC壓力鍋，輕輕鬆鬆就有新鮮、健康的懶人養生食補來補充體力、延年益壽。

心情料理鍋
瑞士 HOTPAN 休閒鍋

商品特色：

HOTPAN休閒鍋瑞士原廠製造並榮獲國際IF設計大賞，是個可以煎、炒、燙、煮、炸、烤、蒸、滷、燉、燜、拌沙拉，擁有十一大功能的鍋具。

30分鐘不洗鍋連煮6道菜，烹煮時間是一般鍋的1/3，可節省電費、瓦斯費，鋼材毛細孔很細，廚房沒油煙，可直接上餐桌，色彩鮮艷、外型討喜。

有益健康的概念，網羅健康食材、醬料，結合世界頂級鍋器，讓幸福從廚房開始，愛戀從廚房加溫，讓家人的互動多些美味分子！
廚房不只是做菜的地方，更是凝聚家人感情與朋友情誼的桃花源。
UCOM，讓廚房不只是廚房，讓簡單、健康、美味充滿居家生活中！

環保推薦款
UCOM 雙層餐盒

臺灣製造品質安心，採用SUS316頂級不鏽鋼，盒身貼心的雙層設計可飯菜分離、食材不混雜。蓋內墊圈為通過SGS檢驗合格的日本無毒矽膠，可拆洗，安全又便利，有效防止湯汁外漏。盒蓋設有洩氣閥，避免熱鎖死，另有密封快扣設計，好開易扣，適合學生及上班族攜帶使用，自備餐具環保又衛生，美味料理輕鬆帶出門。

享受美食不打烊
UCOM 複合金炒鍋

鍋身一體成型，獨步全球無鉚釘、包邊設計，不藏污納垢、好清洗，獨特的深鍋設計，炒菜、炒肉不用擔心掉出鍋外。材質為多層複合金不鏽鋼，具有快速熱傳導、受熱均勻及相當高的儲熱功能，不需大火烹煮，食物不沾鍋，且能鎖住營養成分不流失。電磁爐、瓦斯爐皆適用，可滿足多重需求唷！

外出攜帶的好幫手
UCOM 防溢提鍋

在你外出探視或戶外郊遊時如果需要保溫食物，輕巧方便攜帶的防溢提鍋即為最好的小幫手。
採用頂級SUS316不鏽鋼材質耐用好清洗，鍋蓋的防溢矽膠圈及防溢洩氣閥專利設計，能有效阻隔食物湯汁溢出及避免熱鎖死的狀況產生。另附有時尚的半月形防燙提袋。貼心的防溢設計，絕對是媽媽們外出攜帶的最佳選擇！

百貨專櫃據點

台北：
士林旗艦店 1F
新光三越台北南西店 7F
太平洋SOGO百貨復興店 8F
太平洋SOGO百貨忠孝店 8F
統一阪急百貨台北店 6F
新光三越台北信義新天地A8 7F
板橋大遠百Mega City 7F
HOLA特力和樂 士林店 B1
HOLA特力和樂 內湖店 1F
HOLA特力和樂 中和店 1F
HOLA特力和樂 土城店 3F

桃園：
FE21'遠東百貨 桃園店 10F
新光三越桃園大有店 B1
太平洋SOGO百貨中壢元化館 7F
HOLA特力和樂 南崁店 1F
新竹：
新竹大遠百 5F
太平洋SOGO百貨新竹店 9F
太平洋崇光百貨巨城店 6F
台中：
新光三越台中中港店 8F
HOLA特力和樂 中港店 1F
HOLA特力和樂 北屯店 1F
台中大遠百Top City 9F

台南：
新光三越台南西門店 B1
HOLA特力和樂 仁德店 2F
嘉義：
HOLA特力和樂 嘉義店 1F
高雄：
新光三越高雄左營店 9F
統一阪急百貨高雄店 5F
HOLA特力和樂 左營店 1F

二魚文化　魔法廚房 M060

節約快烹食堂

作　　　者	溫國智
烹飪助手	倪身安
攝　　　影	林宗億
編輯主任	葉菁燕
編輯協力	林芳美
文　　　字	燕湘綺
美術設計	費得貞
讀者服務	詹淑真

出 版 者	二魚文化事業有限公司
	地址　106 臺北市大安區和平東路一段 121 號 3 樓之 2
	網址　www.2-fishes.com
	電話　(02)23515288
	傳真　(02)23518061
	郵政劃撥帳號 19625599
	劃撥戶名　二魚文化事業有限公司
法律顧問	林鈺雄律師事務所

總 經 銷	大和書報圖書股份有限公司
	電話　(02)8990-2588
	傳真　(02)2290-1658

製版印刷	彩峰造藝印像股份有限公司
初版一刷	二〇一四年二月
I S B N	978-986-5813-19-2
定　　　價	二九九元

國家圖書館出版品預行編目資料

節約快烹食堂/ 溫國智 著.
- 初版. -- 臺北市：二魚文化, 2014.2
104面；18.5×24.5公分. -- (魔法廚房；M060)
ISBN 978-986-5813-19-2

1.食譜 2.烹飪

427.1　　　　　　　　　　102027069

感謝您購買此書，為了更貼近讀者的需求，出版您想閱讀的書籍，請撥冗填寫回函卡，二魚將不定時提供您最新出版訊息、優惠活動通知。

若有寶貴的建議，也歡迎您 e-mail 至 2fishes@2-fishes.com，我們會更加努力，謝謝！

姓名：＿＿＿＿＿＿＿＿＿　性別：□男　□女　職業：＿＿＿＿＿＿＿

出生日期：西元 ＿＿＿ 年 ＿＿ 月 ＿＿ 日 E-mail：＿＿＿＿＿＿＿＿＿＿＿＿＿＿＿＿

地址：□□□□□ ＿＿＿＿＿＿ 縣市 ＿＿＿＿＿＿ 鄉鎮市區 ＿＿＿＿＿ 路街 ＿＿＿ 段 ＿＿＿

巷 ＿＿＿ 弄 ＿＿＿ 號 ＿＿＿ 樓

電話：（市內）＿＿＿＿＿＿＿＿　（手機）＿＿＿＿＿＿＿＿＿＿

1. 您從哪裡得知本書的訊息？
□逛書店時　　　　　　　　　　□看報紙（報名：＿＿＿＿＿＿＿）
□逛便利商店時　　　　　　　　□聽廣播（電臺：＿＿＿＿＿＿＿）
□上量販店時　　　　　　　　　□看電視（節目：＿＿＿＿＿＿＿）
□朋友強力推薦　　　　　　　　□其他地方，是 ＿＿＿＿＿＿＿＿
□網路書店（站名：＿＿＿＿＿＿＿）

2. 您在哪裡買到這本書？
□書店，哪一家 ＿＿＿＿＿＿＿＿　　□網路書店，哪一家 ＿＿＿＿＿＿＿
□量販店，哪一家 ＿＿＿＿＿＿＿　　□其他 ＿＿＿＿＿＿＿＿＿＿＿＿
□便利商店，哪一家 ＿＿＿＿＿＿＿

3. 您買這本書時，有沒有折扣或是減價？
□有，折扣或是買的價格是 ＿＿＿＿＿＿＿＿
□沒有

4. 這本書哪些地方吸引您？（可複選）
□主題剛好是您需要的　　　　　□有許多實用資訊
□是您喜歡的作者　　　　　　　□版面設計很漂亮
□食譜品項是您想學的　　　　　□攝影技術很優質
□有重點步驟圖　　　　　　　　□您是二魚的忠實讀者

5. 哪些主題是您感興趣的？（可複選）
□快速料理　□經典中國菜　□素食西餐　□醃漬菜　□西式醬料　□日本料理　□異國點心　□電鍋菜　□烹調秘笈
□咖啡　□餅乾　□蛋糕　□麵包　□中式點心　□瘦身食譜　□嬰幼兒飲食　□體質調整　□抗癌　□四季養生
□其他主題，如：＿＿＿＿＿＿＿＿＿＿＿＿＿＿＿＿＿＿＿＿＿＿

6. 對於本書，您希望哪些地方再加強？或其他寶貴意見？

＿＿＿＿＿＿＿＿＿＿＿＿＿＿＿＿＿＿＿＿＿＿＿＿＿＿＿＿＿＿＿＿＿＿＿＿＿

＿＿＿＿＿＿＿＿＿＿＿＿＿＿＿＿＿＿＿＿＿＿＿＿＿＿＿＿＿＿＿＿＿＿＿＿＿

106 臺北市大安區和平東路一段 121 號 3 樓之 2

二魚文化事業有限公司 收

M060	節約快烹食堂

魔法廚房系列 **Magic** ★

Kitchen

●姓名

●地址